CHOUSHUI XUNENG DIANZHAN TONGYONG SHEBEI

抽水蓄能电站通用设备

供暖通风分册

国网新源控股有限公司　组编

中国电力出版社
CHINA ELECTRIC POWER PRESS

为进一步提升抽水蓄能电站标准化建设水平，深入总结工程建设管理经验，提高工程建设质量和管理效益，国网新源控股有限公司组织有关研究机构、设计单位和专家，在充分调研、精心设计、反复论证的基础上，编制完成了《抽水蓄能电站通用设备》系列丛书，本丛书共 7 个分册。

本书为《供暖通风分册》，主要内容共分为 8 章，重点阐述了通风、空调、除湿、供暖、防排烟系统设计原则、系统配置原则、设备选型原则、主要设备技术参数和技术要求等。本书最后列出了典型抽水蓄能电站供暖通风系统设备选型，并附上了相应的通风系统流程图。

本丛书适合抽水蓄能电站设计、建设、运维等有关技术人员阅读使用，其他相关人员可供参考。

图书在版编目（CIP）数据

抽水蓄能电站通用设备. 供暖通风分册 / 国网新源控股有限公司组编 . —北京：中国电力出版社，2020.7
ISBN 978-7-5198-4161-4

Ⅰ．①抽… Ⅱ．①国… Ⅲ．①抽水蓄能水电站－采暖设备②抽水蓄能水电站－通风设备 Ⅳ．① TV743

中国版本图书馆 CIP 数据核字（2020）第 022249 号

出版发行：中国电力出版社	印　　刷：三河市百盛印装有限公司
地　　址：北京市东城区北京站西街 19 号	版　　次：2020 年 7 月第一版
邮政编码：100005	印　　次：2020 年 7 月北京第一次印刷
网　　址：http://www.cepp.sgcc.com.cn	开　　本：787 毫米 ×1092 毫米　横 16 开本
责任编辑：孙建英（010-63412369）　马雪倩	印　　张：2
责任校对：黄　蓓　朱丽芳	字　　数：59 千字　　1 插页
装帧设计：赵姗姗	印　　数：0001—1000 册
责任印制：吴　迪	定　　价：20.00 元

编　委　会

主　　任　路振刚

副 主 任　黄悦照　王洪玉

委　　员　张亚武　朱安平　佟德利　张国良　张全胜　常玉红　王胜军　赵常伟　李富春　胡代清

　　　　　　王　槐　胡万飞　张　强　易忠有

主　　编　王洪玉　李富春

执行主编　潘福营　辛　峰

编写人员　郑　凯　魏春雷　葛军强　韩小鸣　潘福营　马萧萧　钟大林　李永林　姚志伟　黄凌宇

　　　　　　周　源　贺婷婷　李　斌　张　楠　黄　梅　郑建兴

前　言

　　抽水蓄能电站运行灵活、反应快速，是电力系统中具有调峰、填谷、调频、调相、备用和黑启动等多种功能的特殊电源，是目前最具经济性的大规模储能设施。随着我国经济社会的发展，电力系统规模不断扩大，用电负荷和峰谷差持续加大，电力用户对供电质量要求不断提高，随机性、间歇性新能源大规模开发，对抽水蓄能电站发展提出了更高要求。2014 年国家发展改革委下发"关于促进抽水蓄能电站健康有序发展有关问题的意见"，确定"到 2025 年，全国抽水蓄能电站总装机容量达到约 1 亿 kW，占全国电力总装机的比重达到 4% 左右"的发展目标。

　　抽水蓄能电站建设规模持续扩大，大力研究和推广抽水蓄能电站标准化设计，是适应抽水蓄能电站快速发展的客观需要。国网新源控股有限公司作为全球最大的调峰调频专业运营公司，承担着保障电网安全、稳定、经济、清洁运行的基本使命，经过多年的工程建设实践，积累了丰富的抽水蓄能电站建设管理经验。为进一步提升抽水蓄能电站标准化建设水平，深入总结工程建设管理经验，提高工程建设质量和管理效益，国网新源控股有限公司组织有关研究机构、设计单位和专家，在充分调研、精心设计、反复论证的基础上，编制完成了《抽水蓄能电站通用设备》系列丛书，包括水力机械、电气、金属结构、控制保护与通信、供暖通风、消防及电缆选型七个分册。

　　本通用设备坚持"安全可靠、技术先进、保护环境、投资合理、标准统一、运行高效"的设计原则，采用模块化设计手段，追求统一性与可靠性、先进性、经济性、适应性和灵活性的协调统一。该书凝聚了抽水蓄能行业诸多专家和广大工程技术人员的心血和智慧，是公司推行抽水蓄能电站标准化建设的又一重要成果。希望本丛书的出版和应用，能有力促进和提升我国抽水蓄能电站建设发展，为保障电力供应、服务经济社会发展做出积极的贡献。

　　由于编者水平有限，不妥之处在所难免，敬请读者批评指正。

编者

2020 年 3 月

目　　录

第1章 概　述

1.1　主要内容

抽水蓄能电站通用设备标准化是国家电网有限公司标准化建设成果的重要组成部分，通过开展通用设备设计工作，规范抽水蓄能电站设备配置，提高设备选型设计及配置标准，结合电站设备运行环境及运行方式特点，开展抽水蓄能电站设备差异化分析，吸取已投运电站机电设备运行经验，提出设备差异化指标需求。

本次通用设备设计工作通过对各已建或在建电站设备选型配置情况、已投运设备运行状况、典型设备缺陷及事故分析等资料进行收集整理；合理确定抽水蓄能电站设备通用技术规定，编制《抽水蓄能电站通用设备　供暖通风分册》。

本分册主要内容包括：通风系统、空调系统、除湿系统、供暖系统及防排烟系统等。

1.2　编制原则

遵循国家电网有限公司通用设计的原则：安全可靠、环保节约、技术先进、标准统一、提高效率、合理造价；努力做到可靠性、统一性、适用性、经济性、先进性和灵活性的协调统一。

（1）可靠性：确保各系统设计方案及主要设备安全可靠，确保工程投入运行后电站安全稳定运行。

（2）统一性：建设标准统一，基建和生产运行的标准统一，各系统的配置及技术要求体现出抽水蓄能电站工程的特点和国家电网有限公司企业文化特征。

（3）适用性：综合考虑各种规模和布置形式的抽水蓄能电站特点，结合全国已建、在建大型抽水蓄能电站工程建设经验以及抽水蓄能电站开发趋势，选定的设计方案和设备技术要求在抽水蓄能电站工程建设中具有广泛的适用性。

（4）经济性：按照全寿命周期设计理念与方法，在确保高可靠性的前提下，进行技术经济综合分析，实现电站工程全寿命周期内设备功能匹配、寿命协调和费用平衡。

（5）先进性：提高原始创新、集成创新和引进消化吸收再创新能力，坚持技术进步，推广应用新技术，代表国内外先进设计水平和抽水蓄能电站工程设备技术发展及管理技术发展趋势。把握工业智能化技术发展趋势，要求设备能够提供数字化接口及标准化数据模型，就近提供智能服务，使得设备本身具备数据采集、分析计算、诊断与通信功能，满足数字化智能型电站实时在线业务、数据优化以及应用智能等方面的关键需求。

（6）灵活性：可灵活运用于国内相应各方案适用条件下的大型新建抽水蓄能电站工程。

1.3　工作组织

为了加强组织协调工作，成立了《抽水蓄能电站通用设备　供暖通风分册》设计工作组、编制组和专家组，分别开展相关工作。

工作组以国家电网有限公司为组长单位，国网新源控股有限公司为副组长单位，编写单位为成员单位，主要负责通用设备总体工作方案策划、组织、指导和协调通用设备研究编制工作。

本通用设备由中国电建集团中南勘测设计研究院有限公司负责设计与编制。

1.4　编制过程

2015年11月，国网新源控股有限公司在北京主持召开了抽水蓄能电站通用设备设计启动会，目的是通过开展通用设备设计工作，将设备全生命周期管理理念落实到设备的选型设计当中，进一步规范抽水蓄能电站设备配置，通用设备将充分吸取已投运电站设备运维的经验和教训，科学提出设备的技术要求和参数，致力于从设计阶段提高设备选型的质量水平。本次抽水蓄能电站通用设备研究是一个系统性的工作，包括抽水蓄能电站水力机械、电气、控制保护与通信、金属结构、供暖通风、消防、电缆选型等，编制出版《抽水蓄能电站通用设备　水力机械分册》《抽水蓄能电站通用设备　电气分册》《抽水蓄能电站通用设备　控制保护与通信分册》《抽水蓄能电站通用设备　金属结构分册》《抽水蓄能电站通用设备　供暖通风分册》《抽水蓄能电站通用设备　消防分册》《抽水蓄能电站通用设备　电缆选型分册》。中国电建集团中南勘测设计研究院有限公司、中国电建集团华东勘测设计研究院有限公司与中国电建集团北京勘测设计研究院有限公司应邀参加了该次通用设备启动会，并通过招、投标，分别承担了上述通用设备的编制任务。

1.5　编制原则与使用说明

本分册包括了供暖通风专业各系统的设计内容，编写时总结了已建抽水蓄能电站的工程经验，按主流设计进行配置，并考虑系统的先进性、实用性，依据规程、规范的要求，进行编写。

各系统按"系统设计原则、系统配置原则、设备选型原则、主要设备及部件技术参数和技术要求"进行编写。在使用本通用设计时，根据工程的具体情况，秉着"安全可靠、技术先进、投资合理、标准统一、运行高效"的原则，并与设备生产厂家密切沟通、配合，形成符合实际要求的抽水蓄能电站"供暖通风"通用设备的设计，满足电站的管理、运行及维护要求。

第2章　编　制　依　据

2.1　设计依据性文件

（1）现行相关国家标准、规程、规范，电力行业标准和国家政策。
（2）国家电网有限公司颁布的有关企业标准、技术导则等。
（3）《国家电网公司抽水蓄能电站工程通用设计　地下厂房分册》。

本通用设备设计遵守的规程、规范、规定及有关技术文件为最新颁布的标准。

2.2　主要设计标准与规程规范

GB/T 3235　通风机基本型式、尺寸参数及性能曲线

GB 9237　制冷和供热用机械制冷系统安全要求

GB 12021　房间空气调节器能效限定值及能源效率等级

GB/T 14294　组合式空调机组

GB/T 14295　空气过滤器

GB 15930　建筑通风和排烟系统用防火阀门

GB/T 19232　风机盘管

GB/T 19410　螺杆式制冷压缩机

GB/T 19411　除湿机

GB 19576　单元式空气调节机能效限定值及能源效率等级

GB 19577　冷水机组能效限定值及能源效率等级

GB/T 19761　通风机能效限定值及能效等级

GB/T 19762　清水离心泵能效限定值及节能评价值

GB 21454　多联式空调（热泵）机组能效限定值及能源效率等级

GB 50016　建筑设计防火规范

GB 50872　水电工程设计防火规范

GB 50019　工业建筑供暖通风与空气调节设计规范

GB 51251　建筑防烟排烟系统技术规范

DL/T 5208　抽水蓄能电站设计导则

NB/T 35040　水力发电厂供暖通风与空气调节设计规范

NB 35074　水电工程劳动安全与工业卫生设计规范

NB/T 47012　制冷装置用压力容器

JB/T 8689　通风机振动检测及其限值

JB/T 9066　柜式风机盘管机组

JGJ 174　多联机空调系统工程技术规程

第3章 通 风 系 统

3.1 系统设计原则

抽水蓄能电站地下厂房采用机械通风为主，空调（供暖）为辅的设计原则。全厂通风系统根据温度控制要求和通风区域具体可划分为：主厂房通风系统（含母线洞通风系统）、主变压器洞通风系统（含出线洞通风系统）、尾闸室通风系统、主副厂房通风系统、GIS楼通风系统及其他部位通风系统。

（1）主厂房通风系统（含母线洞通风系统）：主厂房通风系统包括主厂房各层的通风，通常采用机械送排风系统，由于抽水蓄能电站一般深埋地下，根据厂房布置形式，机械送风通常采用拱顶下送至发电机层，发电机层以下各层利用上下游夹墙风道或者预埋风管进行串联通风。排风通常通过母线洞经专用通风竖井或者主变压器拱顶排出。

（2）主变压器洞通风系统（含出线洞通风系统）：主变压器洞通风系统包括主变压器洞各层各设备间的通风，通常采用机械全排风系统或机械送排风系统。出线洞通常采用机械送排风系统或者机械全排风系统。

（3）尾闸室通风系统：通常采用机械全排风系统或机械送排风系统。

（4）主副厂房通风系统：通常采用机械送排风系统。

（5）GIS楼通风系统：通常采用机械全排风系统，也可采用机械送排风系统。GIS室应保持负压。

（6）其他部位通风系统：指除上述通风系统以外的通风系统，比如需要单独通风的油库通风系统，排水廊道通风系统等，一般均采用全排风系统，也可采用送排风系统。油库及油处理设备间应保持负压。

NB/T 35040—2014《水力发电厂供暖通风与空气调节设计规范》中规定：地下厂房主厂房温度不应高于30℃，主变压器室不应高于40℃（排风温度），母线洞不应高于40℃（排风温度）。实际设计中，一般主变压器室不宜高于38℃（排风温度），母线洞不宜高于35℃（排风温度）。合理的气流组织方式为气流从温度低的区域流向温度高的区域，即空气从主厂房经母线洞往主变压器洞流动，新鲜空气串联使用，全厂总风量最少，以减少通风空调设备的容量和通风道断面面积，进而减少通风空调设备及土建工程投资。经济的系统划分

应该是按厂房不同区域的位置及温度要求划分系统，目前抽水蓄能电站的母线洞是设计在主厂房和主变压器洞之间，机组台数与母线洞数量相同，独立设置母线洞通风进排风系统很困难，因此只能将其归于主厂房或者主变压器洞通风系统之中。由于主厂房设计温度比母线洞低，母线洞可重复使用主厂房来风，因此将母线洞归于主厂房通风系统之中是合理的。

3.2 系统配置及设备选型

3.2.1 系统配置原则

通风空调系统按照夏季最不利工况即全厂所有发电机满发进行设计，一般不设置备用风机，但主要送排风系统设备宜配置2台及以上并联运行，如主厂房送风机，主厂房排风机，主变压器洞排风机都宜配置2台及以上，以保证当某台设备出现故障时，系统仍能保证50%的风量。重要设备间如设备散热量大，不能满足室内设计温度要求时，应设空调设施，以保证在风机停运时电站设备能安全运行。通风系统配置现地控制设备和集中控制设备，实现通风设备现地及远方的启停操作、监视、故障报警、火灾联动等功能。

3.2.2 设备选型原则

抽水蓄能电站常用的通风机分为离心风机、混流风机、轴流风机三大类，选用时应根据需要的风量、风压选择匹配的通风设备。由于混流风机、轴流风机噪声一般比离心风机大，一般大风量高风压选用离心风机（当风量大于30000m³/h时，风压大于500Pa时），小风量低风压选用混流风机或轴流风机。当设备布置远离厂房或采取有效消声隔振措施或设备布置空间受限时，大风量也可采用混流风机、轴流风机，如地铁风机、隧道风机。

（1）主厂房通风系统（含母线洞通风系统）：主厂房通风量应根据主厂房需要排除的余热进行计算确定，计算时主厂房排风温度不超过30℃、母线洞排风温度不宜超过35℃，风压应根据整个风流路径阻力确定。主厂房送风机一般选用离心风机或者组合式空气处理机组（主厂房需要空调时），主厂房排风机一般选用离心风机或者混流风机，发电机层以下各层的辅助通风通常采用轴流风机。

（2）主变压器洞通风系统（含出线洞通风系统）：主变压器洞通风量应根据主变压器洞需要排除的余热进行计算确定，计算时主变压器洞排风温度不应超过 38℃，风压应根据整个风流路径阻力确定。主变压器洞排风机一般选用离心风机或者混流风机，如果各设备间设有接力风机时，接力风机可选用轴流风机、混流风机。主变压器洞如有送风系统时，送风机一般选用离心风机或者组合式空气处理机组（主变压器洞需要供暖时）。出线洞的通风量应根据出线洞需要排除的余热进行计算确定，事故排风量宜按照换气次数不小于 6 次/h确定，计算时出线洞排风温度不宜超过 38℃，风压应根据整个风流路径阻力确定。出线洞的排风机一般选用离心风机、混流风机或轴流风机。

（3）尾闸室通风系统：尾闸室因余热较小，通风量可按换气次数进行计算确定，换气次数不应小于 2 次/h。尾闸室排风机一般选用离心风机、混流风机或轴流风机。

（4）主副厂房通风系统：主副厂房通风量应根据需要排除的设备余热或换气次数要求进行计算确定。送排风机一般采用混流风机、轴流风机，当需要空调送风时，可采用空调柜机兼用送风机。

（5）GIS 楼通风系统：通风量按换气次数进行计算确定，正常通风时换气次数应不小于 2 次/h，事故通风时换气次数不应小于 4 次/h。排风机可采用轴流风机安装在墙上直排，也可采用离心风机或者混流风机通过风管排风。

（6）其他部位通风系统：按规范要求的换气次数确定风机风量，可选用离心风机、混流风机或者轴流风机。油罐室、油处理室、防酸隔爆式蓄电池室、油浸式变压器室等房间的风机及其电动机应为防爆型，并应直接连接。

（7）通风控制系统：大容量的送风机、排风机单独配置现地控制柜/箱，小容量的风机根据设备布置情况可合并设置现地控制柜/箱。设置通风设备集中控制系统，在主厂房、开关站、继保楼分别设置集中控制单元，在中控楼设置集中控制上位机。

3.3 主要设备、部件技术参数和技术要求

主要设备、部件技术参数和技术要求见表 3-1。

表 3-1　　　　　　　　　　　　　　　　主要设备、部件技术参数和技术要求

序号	名称	主要特性参数	主要结构形式及特点	其他要求
1	通风机（离心风机，混流风机，轴流风机）	风量：根据各系统需要风量确定。风压：根据各系统通风路径阻力确定	（1）电动机应为风冷、鼠笼式、全封闭湿热型的标准产品，采用 F 级绝缘，B 级允许工作温升，防护等级不低于 IP54。 （2）轴承应为自润滑密封免维护型球轴承，轴承等级需符合 AFBMA（抗磨轴承生产协会）。 （3）外壳材质为碳钢，热镀锌处理，外壳应有足够的型钢支撑。 （4）叶轮叶片材质为铝合金或不锈钢，应采用高效率、高强度和先进的结构形式。 （5）轴流风机及混流风机外壳采用整块厚钢板制造。 （6）离心风机外壳厚度不小于 4mm	（1）整机能效指标应能达到 1 级能效等级，满足国家节能标准。 （2）应能在环境温度不高于 45℃、相对湿度不高于 95％的环境中连续运行。 （3）防爆风机：应采用防爆电机。 （4）安装在潮湿区域的风机，可提高其电动机防护等级。 （5）对于高海拔地区电站，风机选型应考虑空气密度对风量、风压的影响
2	风口	尺寸：由过风风速确定	（1）正面朝下安装的风口采用铝合金材质制作，其他安装形式的风口采用不锈钢 S30408 制作。 （2）型材的厚度要求为： 1）当风口边长小于 500mm 时，其边框厚度应大于或等于 1.3mm、叶片厚度应大于或等于 0.6mm。 2）当风口边长大于或等于 500mm 且小于 2000mm 时，其边框厚度应大于或等于 1.6mm、叶片厚度应大于或等于 1.0mm。 3）当风口边长大于或等于 2000mm 时，其边框厚度应大于或等于 3mm、叶片厚度应大于或等于 1.5mm，并应有加强筋，防止叶片在运行时发生振动。 （3）法兰应采用宽法兰，法兰宽度不得小于 30mm	（1）风口表面整体应平整、端正，不得有歪斜翘曲等现象；各表面应无凹凸不平等加工缺陷及明显的划伤、压痕等磕碰痕迹；风口装饰面的色泽应一致，无花斑现象；风口装饰面上接口拼缝的缝隙应不超过 0.15mm。 （2）防结露风口应在任何环境下不结露，不滴水

序号	名称	主要特性参数	主要结构形式及特点	其他要求
3	风阀	尺寸：由过风风速确定	（1）采用不锈钢 S30408 及以上材料制作。 （2）阀门的边框和叶片厚度不应小于 2.0mm。 （3）应有表示开度的指示机构、保证全开和全闭位置的限位机构及保持其开度的锁定机构。 （4）电动执行机构要求： 1）具备与风机联锁的功能。 2）具备输出阀体动作信号的功能。 3）具备接收并执行控制中心操作信号的功能。 4）应具有保持其开度的锁定机构，可通过手动调节来限制电动时的最大开启角度	符合 07K120《风阀选用与安装》国际图集要求
4	消声器	尺寸：根据配用设备进出口尺寸或与之相连的风管尺寸定	（1）低压风机进出口消声器，消声指数不小于 1.5；中高压风机进出口消声器，消声指数不小于 2。 （2）壳体使用不锈钢材料，内表面钢板连接处焊缝要求平直光滑和牢固，焊缝凸出钢板平面部分需磨平。 （3）吸声材料应采用理化性能稳定、抗老化冲击并不产生污染的材料，吸声材料的填充率应达到 100%。 （4）采用先进的消声工艺，阻力损失小，再生噪声低	（1）消声器应为整体结构，焊接点必须牢固，保证必要的刚度，同时设有必要的起吊装置。 （2）符合 97K130-1《ZP 型消声器（ZW 型消声弯管）》国标图集要求
5	明装风管		（1）采用机制彩钢板风管。彩钢风管以热镀锌钢板为基材，基板含锌量 175g/m²，彩钢板彩涂产品采用优异耐候性、耐酸性及抗环境污染性的氟碳（PVDF）涂层。 （2）风管要求表面平整，咬口缝严密，折角平直，圆弧均匀，无翘角，表面无破损，凹凸不大于 5mm；咬口、折边、切口均应做防锈处理，彩钢板基材不得直接与空气接触。 （3）普通风管厚度要求（A 为风管长边尺寸或直径，mm）： 1）$A \leqslant 1000$，厚度大于或等于 0.8mm。 2）$1000 < A \leqslant 1500$，厚度大于或等于 1.0mm。 3）$1500 < A \leqslant 4000$，厚度大于或等于 1.2mm。 （4）排烟风管厚度要求： 1）$A \leqslant 1000$，厚度大于或等于 1.0mm。 2）$1000 < A \leqslant 1500$，厚度大于或等于 1.2mm。 3）$1500 < A \leqslant 2000$，厚度大于或等于 1.5mm。 4）$A > 2000$，应按设计需求确定厚度。 （5）风管加固：边长大于 1250mm 的风管，应采用 S30408 不锈钢管、角钢内支撑加固，其中不锈钢角钢规格为 40mm×4mm，不锈钢管规格 $\phi 20 \times 2$mm，支撑间距不大于 1000mm×1000mm。 （4）保温风管采用双层彩钢板夹保温材料。彩钢风管壁厚见（3），保温材料为高密度玻璃棉板材，厚度不小于 25mm	（1）风管漏风量不应大于 3%。 （2）风管壁变形量不应大于 2%。 （3）风管连接螺栓采用不锈钢螺栓
6	预埋风管		（1）采用 S30408 不锈钢材料制作。 （2）风管厚度不应小于 3.0mm。 （3）边长大于 1250mm 的风管，应采用 S30408 不锈钢管、角钢内支撑加固，其中不锈钢角钢规格为 40mm×4mm，不锈钢管规格 $\phi 20 \times 2$mm，支撑间距不大于 1000×1000mm	（1）风管漏风量应不大于 3%。 （2）风管壁变形量应不大于 2%。 （3）风管连接螺栓采用不锈钢螺栓

续表

序号	名称	主要特性参数	主要结构形式及特点	其他要求
7	现地控制设备		(1) 现地风机控制箱采用优质冷轧钢板或不锈钢材质，厚度不小于 2mm。 (2) 断路器额定电流应与风机负载相匹配。断路器脱扣器应选用适用于电动机启动的 D 曲线产品。 (3) 30kW 以上采用软启动或者变频启动。 (4) 软启动器应选用重载型应用产品，限制启动电流在 3～5 倍额定电流	
8	集中控制设备		CPU 主频大于或等于 133MHz，CPU 负载率小于或等于 50%，内存大于或等于 512K，后备电池供电时间大于或等于 8h	

第 4 章 空 调 系 统

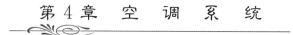

4.1 系统设计原则

抽水蓄能电站地下洞室内机电设备密集，发热量大，需设置空调设备的场所较多。NB/T 35040—2014《水力发电厂供暖通风与空气调节设计规范》中规定：主厂房温度不应高于 30℃，主变压器室不应高于 40℃（排风温度），母线洞不应高于 40℃（排风温度）。

主厂房散热量大，设备及人员对温湿度要求高，对于南方地区电站，夏季室外计算空调温度都普遍高于 30℃，虽然进风洞室有温降效应，但洞室末端温度一般仍会达到 26～28℃，如果主厂房区域不采用空调，则需采用巨大的风量，否则难以满足规程规定的不高于 30℃的要求，而采用巨大风量，对洞室开挖、通风设备布置等都有较大的困难，所以综合比较，南方地区电站主厂房采用空调系统更经济可行。对于北方地区电站，夏季室外计算空调温度较低，如能使用合理风量的通风系统即可满足主厂房温湿度要求时，可不采用空调方案，设计中应对各区域的风量分配及温度进行计算，根据计算结果确定是否需要设置空调系统。

母线洞一般从主厂房取风，对于主厂房设计有回风运行方案的电站，当主厂房回风运行时，如母线洞无风量来源，则须采用空调才能控制室内温度。对于主厂房未设计回风运行方案的电站，母线洞是否设置空调应与主厂房通风空调设计统筹考虑。由于母线洞内电气设备较多，散热量较大，宜设置一定容量

的空调设备。

主变压器洞虽然设备散热量较大，但由于规程规定的设计温度较高，与进风温度有较大的温差，一般采用通风系统即可满足室内温度要求。尾闸室由于设备散热较少，一般采用通风系统即可满足要求。对于厂房内散热量特别大的设备间，为保证温湿度要求，宜单独设置单元空调系统。

全厂空调系统根据温度控制要求和空调区域具体可划分为：主厂房空调系统、母线洞空调系统、主副厂房空调系统、地面继保楼空调系统、局部单元空调系统。

（1）主厂房空调系统：主厂房空调系统与通风系统通常结合在一起，一般采用集中空调送风、机械排风的模式。为节能和防潮，该送排风系统应设计成可直流运行（即新风经空气处理机组处理后送入发电机层，主厂房各层循环使用后，经母线洞排出），可回风运行。主厂房空调系统的冷源为冷水机组。

（2）母线洞空调系统：当主厂房空调冷水机组容量与尺寸较大时，对厂房的吊物孔、运输通道、冷水机组设备间的尺寸要求也大，而《国家电网公司抽水蓄能电站工程通用设计　地下厂房分册》中，空调冷水机组布置在主副厂房水轮机层空调机房内，该机房内布置的设备较多，如果母线洞空调系统与主厂房空调系统采用同一冷源，导致冷水机组尺寸加大、布置困难或者需要额外加大厂房的开挖，则建议母线洞空调采用独立冷源，反之则可采用主厂房空调系统同一冷源。

（3）主副厂房空调系统：一般与通风系统结合在一起，采用空调送风、机

械排风的模式。为节能和防潮，该送排风系统应设计成可直流运行，可回风运行。主副厂房空调系统的冷源可与主厂房空调系统共用。

（4）地面继保楼空调系统：一般采用多联式空调系统或者分体式空调机。

（5）局部单元空调系统：热量特别大的房间，如风冷 SFC 输入输出变室、风冷 SFC 盘柜室等宜采用单元空调机。

4.2　系统配置及设备选型

4.2.1　系统配置原则

空调系统按照夏季最不利工况即全厂所有发电机满发进行设计，一般不设置备用冷水机组和空气处理机组，但主空调系统设备需要配置 2 台及以上并联运行，如冷水机组与空气处理机组都应配置 2 台及以上，机组之间考虑互为备用和轮换使用的可能性。主空调系统水泵一般与冷水机组一一对应，并可另设置一台备用。散热量大的重要设备间，应有备用设施，以保证在主空调停运时电站设备能安全运行。空调系统的冷水机组、冷冻水泵、空气处理机组等设备配置现地控制设备，实现空调设备现地及远方的启停操作、监视、故障报警等功能。水冷空调系统设置集中控制设备，完成整个空调系统的自动控制和调节、集中监视与报警、火灾联动等功能。

4.2.2　设备选型原则

（1）主厂房空调系统：主厂房空调系统主要由冷水机组、空气处理机组、空调水泵、管路、阀门等设备组成。空气处理机组的通风量应根据主厂房需要排除的余热进行计算确定，计算时主厂房排风温度不超过 30℃、母线洞排风温度不宜超过 35℃，风压应根据整个气流路径阻力确定。抽水蓄能电站一般

为地下厂房，进风洞长度大多超过 500m，因此冷水机组应选用水冷式冷水机组；制冷量应根据满足室内温、湿度设计参数需要的处理风量和空气处理机进出风焓差计算确定。空调水泵一般采用离心式水泵，冷水机组冷却水水源取自下水库，从公用供水总管上取水，采用两级过滤，第一级过滤可利用公用供水滤水器，第二级过滤采用专用的水处理器，冷冻水及冷却水管路及阀门均采用不锈钢材质。

（2）母线洞空调系统：当采用空调风柜方案时，一般每条母线洞配置 3～4 台空调风柜，冷冻水取自主厂房空调系统；当采用水冷冷风空调机方案时，一般每条母线洞配置 1～2 台水冷冷风机，同时宜设置送风管，水冷冷风机的冷却水可取自公用供水总管或主变压器空载冷却水管。

（3）主副厂房空调系统：主副厂房空调冷冻水取自主厂房空调系统。空调风柜可每层设置 1 台，尽量设置在单独的设备间内。

（4）地面继保楼空调系统：采用多联式空调系统时，每个设备间设置的室内机台数根据需要的冷量确定，室外机可根据楼层分组设置。采用单元空调机时，每个房间设置单元空调机的台数根据需要的冷量确定，单元空调机均采用风冷式。

（5）单元空调系统：地下厂房内一些热量特别大的房间如风冷 SFC 输入、输出变室、风冷 SFC 盘柜室等采用单元空调机。如有条件将室外机布置在风道内，可采用风冷式，否则宜采用水冷式。

4.3　主要设备技术参数和技术要求

主要设备技术参数和技术要求见表 4-1。

表 4-1　　　　　　　　　　　　　　　　　　　　　　　　主要设备技术参数和技术要求

序号	设备名称	主要特性参数	主要结构形式及特点	其他要求
1	冷水机组	制冷量：根据电站需要的空调冷负荷确定。 冷冻水量：根据制冷量确定。 冷却水量：根据机组参数确定。	（1）压缩机应采用半封闭（或全封闭）螺杆式制冷压缩机，通过滑阀调节，具有无级（0%～100%）能量调节。 （2）冷凝器、蒸发器管束应采用高效换热无缝铜管，并采用机械胀接方法固定于两端管板上，并可独立更换。 （3）使用的隔热材料应具有阻燃、无毒、无臭等性能，黏结剂应无毒，粘贴或固定应牢固。 （4）机组应配备一套可独立工作的微电脑控制器系统，无需人工干预即可完成调节、控制、安全保护、通信、故障诊断、自动适应、远程监控等功能，人机界面采用触摸式液晶屏，操作应简便，显示为中文，并具有密码保护，防止误操作。	（1）机组符合国家节能标准，能效指标应能达到 1 级能效等级。 （2）机组出水温度控制精度：≤0.5℃。 （3）机组应采用 R134A、R410A 等环保冷媒，该环保冷媒应质量可靠，性能稳定，应用广泛。 （4）机组应能实现低冷却水温启动，冷凝器允许最低供水温度不高于 13.5℃。 （5）机组应能在环境温度不超过 40℃、相对湿度不超过 95% 的条件下正常连续运行。

序号	设备名称	主要特性参数	主要结构形式及特点	其他要求
1	冷水机组	承压：根据取水高程及水泵出口压力确定	（5）机组应留有 I/O 接口和通信接口，通过工业标准协议接入通风空调控制系统，实现双向数据交换和远程监控。重要信息应采用 I/O 接口方式，其他可采用通信方式，通信规约为 PROFIBUS、MODBUS PULS、LONTALK、MODBUS 或其他工业标准协议	（6）输入功率大于或等于 30.0kW 的机组自带软启动或变频启动装置
2	空气处理机组	风量：根据电站需要的风量确定。 机外余压：根据送风系统阻力确定	（1）机组采用加强型铝合金型材框架。外壳为双层板式结构，外板采用优质冷轧钢板烤漆或优质彩钢板（$\delta \geqslant 1.2$mm），内板为消声壁板（$\delta \geqslant 0.8$mm），中间层充填不燃型或阻燃型隔热隔音材料（$\delta \geqslant 50$mm），保温材料导热系数应小于 0.035W/(m²·℃)；保温层与面板应结合牢固、平整，无间隙、无冷桥；在各种工况下机组的外壳均无结露。 （2）风机应采用高效低噪、双进风离心风机，其他要求详见表 3-1。 （3）表冷盘管应采用紫铜管及亲水膜铝翅片，翅片间距不小于 2.5mm。集水管采用不锈钢管制成，集水管顶部应设有放气口，下部应设有排水口。滴水盘材料应为不锈钢 S30408，厚度不小于 1.5mm，外表面采用非燃或阻燃性保温材料保温，以防止滴水盘外表面结露。 （4）挡水板应采用 S30408 不锈钢材料制成。 （5）过滤器应选用可移动的不锈钢板式过滤器，可选用初效过滤器，滤网应分块并可拆卸，单块滤网的面积不宜超过 1.5m²，过滤效率应达到 40%～60%，过滤器的材料应为非燃烧材料或难燃烧材料。机组应有滤网含尘阻力显示及滤网清洗提示装置，应配带可调压差传感器，允许将信号传至通风空调监控系统	（1）机组额定风量和余压在规范《组合式空调机组》规定条件下，风量测定值不低于额定值 95%，余压测定值不低于额定值 95%，机组漏风率小于 2%。机组实测冷量不低于额定冷量的 97%。 （2）机组控制柜（箱）应留有 I/O 接口和 RS485 或 RS232 通信接口，通过工业标准协议接入通风空调控制系统，实现双向数据交换和远程监控。 （3）表冷器迎面风速不应高于 3.0m/s
3	空调风柜	风量：根据设备间需要。 冷量：根据设备间需要。 承压：根据冷冻水泵扬程定	（1）风机应采用低能耗、低噪声、调速范围宽的离心风机，且满足高、中、低三挡转速稳定运行的双吸、低转速风机。 （2）应设有放气阀并安装在盘管管路的高处。 （3）凝水盘采用的保温、隔声材料应无毒、无腐蚀、无异味，并具有不燃和不吸水的特性	应能在环境温度不超过 40℃、相对湿度不超过 95% 的条件下正常运行
4	多联式空调	制冷量：根据电站需要的空调冷负荷确定。 制热量：根据电站需要的供暖负荷确定	（1）压缩机应采用数码涡旋或直流变频技术，变频动作时对环境不产生电子干扰。 （2）空气侧换热器为内螺纹铜管铝翅片式，外涂亲水膜。 （3）室外机具有冷媒自动回收功能。检修配管系统时，能够自动将配管中的冷媒存储到室外机储液罐中；检修完毕后，能够将冷媒重新释放到配管系统，便于维修。 （4）室内机具有严格地防止凝结水滴漏的技术措施；配置先进的冷凝水泵，冷凝水泵提升扬程不小于 700mm。 （5）集中控制器应留有 RS485 接口，可将室内、外机的运行状态及故障信息送入暖通空调控制系统，通信协议采用 MODBUS-RTU。 （6）室内机噪声不宜大于 40dB，室外机噪声不宜大于 70dB	（1）机组能效指标应能达到 1 级能效等级。 （2）机组应能进行连续无级能量调节，以适应部分负荷的调节要求。能量调节范围应达到 25%～100%。 （3）机组应采用 R134A、R410A 等环保冷媒，该环保冷媒应质量可靠，性能稳定，应用广泛。 （4）机组应具有过流过载保护、高压开关及其他正常运行所必须的安全保护功能。 （5）在供电系统突然断电的情况下，设备具有来电自动重新启动的功能
5	单元空调机	制冷量：根据设备间的空调冷负荷确定。 制热量：根据设备间的供暖负荷确定。 水冷单元承压：根据冷却水取水来源定	（1）水冷冷风机具有高低压力、压缩机过流、过载、冷却水断流或者流量不足等各种安全保护功能。 （2）风冷冷暖柜式空调机应有电辅热。 （3）风冷冷暖空调室内机噪声不应大于 40dB，室外机噪声不应大于 70dB。 （4）水冷冷风机噪声不应大于 70dB	（1）机组能效指标应能达到 1 级能效等级。 （2）机组应采用 R134A、R410A 等环保冷媒，该环保冷媒应质量可靠，性能稳定，应用广泛

序号	设备名称	主要特性参数	主要结构形式及特点	其他要求
6	空调水泵	流量：根据冷水机组冷冻水及冷却水流量确定。扬程：根据冷冻水及冷却水系统阻力确定。承压：根据各电站水泵入口处所需承受的最大压力确定	(1) 采用离心式水泵，主要由泵体、叶轮、机械密封、泵盖、电动机、挡水圈、密封圈、底板等部件构成。 (2) 采用双机械密封结构，机械密封设在泵轴上。 (3) 水泵轴承应采用专用耐高温性能的润滑脂。 (4) 泵壳采用球墨铸铁或者铸钢材质，叶轮采用不锈钢或者青铜材质，泵轴采用不锈钢材料。 (5) 水泵上、下泵壳密封盖有方便水泵检修时拆卸泵壳的半开口。 (6) 电动机应符合 GB/T 4942.1《旋转电机整体结构的防护等级（IP 代码）》或 IEC 60034《国际电工委员会旋转电机标准》的要求，采用 F 级绝缘，B 级温升；防护等级不低于 IP55，并在停机期间采取措施防潮，以保护电动机	(1) 泵的整体效率应满足国家节能标准。 (2) 应选择扬程变幅范围大、流量和高效率区域较宽的水泵，保证能在各工况的所有区域内稳定运行；电动机功率的选择应保证在整个运行区域，不出现输入功率过载的情况。 (3) 水泵设计时应考虑水泵进口承压等级、扬程和水质情况，泵轴必须消除内部应力。 (4) 离心泵与电动机应可靠连接，在保证外部条件前提下，水泵应有良好的抗空蚀性，在保证期内无空蚀损害
7	水处理器	流量：根据冷水机组冷冻水量及冷却水量确定。承压：根据水处理器入口处所需承受的最大压力确定	(1) 水处理器应能全自动操作，并实现远程微机监控，无需专人管理；设备故障时应能自动报警，并留有与通风空调控制系统的远方控制及报警接口。 (2) 水处理器自身应配有清洗电动机和清洗刷，能够实现压差控制下自动清洗滤网、自动排污。滤网（阳极）材质为钛合金（表面镀贵金属），清洗刷材质为 PVC 或不锈钢。 (3) 设备的外壳应采用不锈钢钢板制作	(1) 应为一体化，既能除垢，又可以杀菌灭藻，过滤水中的悬浮物和杂质，除垢防垢有效率 100%；过滤效率不低于 80%；杀菌灭藻率不低于 95%。 (2) 设备内压降的最大值不超过 0.03MPa。 (3) 应设置电动排污球阀
8	现地控制设备		(1) 现地控制柜柜体采用优质冷轧钢板，厚度不小于 2mm。 (2) 断路器额定电流应与风机负载相匹配。断路器脱扣器应选用适用于电动机启动的 D 曲线产品。 (3) 输入功率大于或等于 30.0kW 的机组自带软启动或变频启动装置。 (4) 软启动器应选用重载型应用产品，限制启动电流在 3~5 倍额定电流	
9	集中控制设备		(1) CPU 主频大于或等于 133MHz，CPU 负载率小于或等于 50%，内存大于或等于 512K，后备电池供电时间大于或等于 8h。 (2) 控制系统应留有 I/O 接口和通信接口，通过工业标准协议接入通风设备集中控制系统上位机，实现双向数据交换和远程监控。重要信息应采用 I/O 接口方式，其他可采用通信方式，通信规约为 PROFIBUS、MODBUS PULS、MODBUS 或其他工业标准协议	

第5章 除湿系统

5.1 系统设计原则

抽水蓄能电站地下厂房潮湿主要有以下几个原因：室外空气相对湿度较大，未经处理进入厂房；冷表面（水管表面及墙面）结露；岩体表面渗水以及管路设备连接处漏水。

冷表面结露一方面是空气相对湿度大，另一方面是水管表面温度过低。对于水库水温较低的电站，冬季水温甚至可低至 3~5℃，低于空气露点温度，即使空气相对干燥，冷表面仍有可能产生结露现象。针对上述原因，系统设计可从下面几个方面考虑：

（1）机械制冷除湿：进入厂房前利用空气处理机组的表冷段对新风进行冷

冻除湿处理。

（2）建立回风通道：潮湿季节或高温高湿天气采取回风运行，避免新风将过多的湿气带入厂房（其他季节为保证厂房空气品质可全新风运行）。

（3）在水轮机层、蜗壳层及其他一些易产生潮湿的部位设置一定数量的除湿机进行局部除湿，改善该区域的空气状况。

（4）对冷表面进行保温处理。

（5）防渗水、漏水：应加强岩壁有序排水，查漏堵漏，防止水管连接处漏水，地沟加盖板，减少水分的蒸发，及时清理地面积水，减少其蒸发量。

5.2 系统配置及设备选型

5.2.1 系统配置原则

系统配置主要是空调系统及除湿机配置，空调系统见第 4 章。除湿机一般配置在水轮机层、蜗壳层、尾水闸门洞、排水廊道、水泵房和上下库启闭机房等部位。一般每台机组段宜配置 2～3 台容量为 10～16kg/h 的除湿机或 1 台 20～30kg/h 的除湿机。

5.2.2 设备选型原则

目前抽水蓄能电站一般采用制冷型除湿机。转轮除湿机虽然除湿效果更好，但由于抽水蓄能电站厂房均为地下式，采用转轮除湿机均存在再生困难、运行耗能大的缺点；在设备散热量低且室内温度较低的场所，或再生湿热空气有排放条件时，亦可采用转轮除湿机。制冷除湿机应选用低温型，能在 5～32℃范围正常工作，并在低温时有较高的效率。

5.3 主要设备、材料技术参数和技术要求

主要设备、材料技术参数和技术要求见表 5-1。

表 5-1

主要设备、材料技术参数和技术要求

序号	名称	主要特性参数	主要结构型式及特点	其他要求
1	机械制冷型除湿机	除湿量：根据电站需要的除湿负荷确定	（1）选用外转子离心风机，结构紧凑，效率高。 （2）冷凝器管束应采用高效换热无缝铜管，并采用机械胀接方法固定于两端管板上。 （3）蒸发器应采用无缝紫铜管、铝翅片，迎面风速不超过 2.5m/s，接水盘及其出水口采用不锈钢板制作，并用 PE 或橡塑保温板保温，防止接水盘底部结露。接水盘应具有一定的倾斜度，以利冷凝水能顺利排出。 （4）框架采用加强型铝合金框架，机箱板采用不锈钢材质制作	（1）机组应采用 R134A、R410A 等环保冷媒，该环保冷媒应质量可靠，性能稳定，应用广泛。 （2）机组应能在环境温度 5～32℃的条件下正常连续运行。 （3）应提供压力容器设计和制造许可证。 （4）除湿机回风口处应设置初效过滤板网
2	转轮除湿机	除湿量：根据电站需要的除湿负荷确定	（1）转轮的芯子采用进口高效复合硅胶转轮，吸湿性能好。 （2）机组采用温湿度独立，能够精确控制房间内参数或送风参数，且选用进口温湿度变送器、高性能 PLC 和触摸式工业级液晶显示屏	应提供压力容器设计和制造许可证
3	水系统保温材料	厚度：根据电站需要定，应保证在任何环境工况下表面不结露	（1）应采用防火材料，性能稳定，耐酸碱，强度高，使用寿命长，防腐蚀性能优良，保温性能有效期达 10 年以上。 （2）安装后应与设备表面结合紧密，导热系数低。 （3）应通过国家级防火 A1 级标准检测并提供型式检验报告	（1）无毒、无腐蚀、无异味，使用过程中不脱落。 （2）具有不易吸水和不燃的特性

第 6 章 供 暖 系 统

6.1 系统设计原则

NB/T 35040—2014《水力发电厂供暖通风与空气调节设计规范》中规定：

累年日平均温度稳定小于或等于 5℃的日数大于或等于 90 天的地区的水力发电厂的工作场所，应设置供暖措施，供暖室内温度应满足上述规范的规定。根据设计经验与电站运行资料，南方抽水蓄能电站地下洞室一般不需设置集中供

暖系统，利用机电设备散热量即可满足温度的要求，对于北方抽水蓄能电站地下洞室，应根据具体工程的情况确定是否需要设置集中供暖系统。抽水蓄能电站各场所供暖系统的设计原则如下：

（1）主厂房：根据需要设置集中供暖系统或分散式供暖系统，发电机层以下各层可采用局部供暖装置。

（2）主副厂房：一般每层设置集中供暖系统，个别要求高的房间另设局部供暖装置。

（3）母线洞：一般可不设供暖装置。

（4）主变压器洞：一般可不设供暖装置，个别设备间可根据需要设置局部供暖装置。

（5）地面继保楼：除空调系统外，人员长期停留场所可根据需要设局部供暖装置。

6.2 系统配置及设备选型

6.2.1 系统配置原则

供暖系统按照冬季最不利工况即全厂所有发电机停机进行设计，供暖设备设置原则如下：

（1）主厂房：主厂房如设集中供暖，则供暖设备一般配置在空气处理机内或者送风均压室内。具体供暖设备数量根据单个设备供暖容量及厂房热负荷确定。另外，由于主厂房底部的蜗壳层和水轮机层机电设备发热量较小，可在每台机组段设置1～3台局部供暖设备。

（2）主副厂房：一般在送风管上设置供暖设备对室外新风进行集中加热处理；对冬季温度要求较高的值班室及办公室，另设独立的局部供暖设备。

（3）开关站GIS楼、中控楼、上下库启闭机房等地面建筑物：根据每个设备间的需要采用独立的局部供暖设备进行供暖。

6.2.2 设备选型原则

集中供暖系统一般选用固定式电加热管安装在空气处理机内或者送风通道内，以及选用风管式电加热器安装在集中送风机出口；局部供暖一般选用电热散热器、电暖风机等设备。

6.3 主要设备技术参数和技术要求

主要设备技术参数和技术要求见表6-1。

表6-1　　主要设备技术参数和技术要求

序号	设备名称	主要特性参数	主要结构形式及特点	其他要求
1	电热散热器	供热量：根据电站热负荷确定	（1）加热器可采用电热石英管、PTC陶瓷或铝、铜翅片，外壳采用冷轧钢板喷塑。 （2）配置过热、过流保护装置。 （3）配置手动温度调节装置	
2	电暖风机	供热量：根据电站热负荷确定	（1）发热元件采用不锈钢电热管或PTC陶瓷加热元件。 （2）配置手动温度调节装置，带温度控制。 （3）配置超温断电保护装置	
3	风管式电加热器	供热量：根据电站热负荷确定	（1）发热元件采用PTC陶瓷发热元件，内外壁为镀锌钢板，在双层面板的中间夹以不燃型或阻燃型保温材料。保温材料密度不小于48kg/m³，厚度不应小于50mm，保温层与面板应结合牢固、平整，无间隙。 （2）配置高、低两挡温度调节装置。 （3）配置超温断电保护装置	

序号	设备名称	主要特性参数	主要结构形式及特点	其他要求
4	固定式电加热管	供热量：根据电站热负荷确定	(1) 电热管采用不锈钢翅片式。 (2) 每台电加热管应配套提供一个电源端子接线盒。 (3) 每台电加热管本体应引出电源动力电缆，以便接到电源端子接线盒中并联	感温测温装置要求： (1) 每台电加热管提供 1 套感温测量装置（包括感温探头）用于实现对电加热器的自动启动及停止控制。每个感温测量装置应配有 2 对无源接点，当温度低于某一温度值时，其中 1 对接点闭合，当温度高于此温度值时，闭合的接点断开；当温度比上一温度值还低时，另 1 对接点闭合，当温度高于此温度值时，闭合的接点断开。 (2) 感温测量装置温度测量控制范围应在－20～40℃可调，根据室外温度高低启动电加热管

第 7 章　防 排 烟 系 统

7.1　系统设计原则

防烟系统的作用：建筑内一旦发生火灾能有效地把烟气控制在一定的防烟区域范围内，不让它扩大蔓延到疏散通道，提高人员疏散速度，减少救人救灾的难度。根据 GB 50872—2014《水电工程设计防火规范》、NB/T 35040—2014《水力发电厂供暖通风与空气调节设计规范》的规定，抽水蓄能电站的地下主副厂房的楼梯间及合用前室应设置机械加压送风设施进行火灾时防烟。

排烟系统的作用：建筑内一旦发生烟火灾情，能迅速启动，及时地把烟气排出建筑外，使疏散人员、救灾人员不被烟气所困，减少人员的伤亡和财产损失，为救人救火创造有利的条件。根据相关规程规范，抽水蓄能电站的主厂房发电机层、主变压器搬运道及主副厂房超过 20m 的疏散走道应设置机械排烟设施。

设置机械排烟系统时，应同时设置补风系统。当设置机械补风系统时，其补风量不应小于排烟量的 50%。

7.2　系统配置及设备选型

7.2.1　系统配置原则

根据防排烟系统规程规定的风量进行设计，一般不设置备用风机。

主副厂房楼梯间和合用前室应分别配置正压送风机，防烟楼梯间与走道之间的压差为 40～50Pa；前室与走道之间的压差为 25～30Pa。楼梯间加压送风

口宜每隔两至三层设一个，前室的加压送风口应每层设一个。

主厂房发电机层排烟、主副厂房内走道和主变压器搬运道排烟各设置 1 台排烟风机。发电机层和主变压器搬运道采用自然补风，不设置补风机；主副厂房内走道防排烟采用机械补风，设置补风机。

7.2.2　设备选型原则

防排烟风机通常采用混流风机或者中、低压离心风机。选用时应根据需要的风量、风压选择匹配的防排烟风机；排烟风机应选用高温风机。

(1) 主厂房发电机层排烟风机：发电机层的排烟量可按一台机组段的地面面积计算，且不小于 120m³/(h·m²)，风压根据系统阻力确定。

(2) 主变压器搬运道排烟风机：主变压器搬运道的排烟量可按一台机组段长度的搬运道地面面积计算，且不小于 120m³/(h·m²)，风压根据系统阻力确定。

(3) 主副厂房内走道排烟风机：排烟量根据规范规程确定，风压根据系统阻力确定。

(4) 主副厂房内走道补风机：按补风量大于 50% 排烟量计算，风压根据系统阻力确定。

(5) 正压送风机：风量根据规范规程确定，风压根据系统阻力确定。

7.3　主要设备设施技术参数和技术要求

主要设备设施技术参数和技术要求见表 7-1。

表 7-1 主要设备设施技术参数和技术要求

序号	名称	主要特性参数	主要结构形式及特点	其他要求
1	防排烟风机	风量：根据防排烟需要的风量确定。风压：根据通风路径阻力确定	（1）电动机应采用 F 级绝缘，B 级允许工作温升，防护等级不低于 IP54。风动机配用电动机应为风冷、鼠笼式、全封闭湿热型的标准产品。 （2）轴承应为自润滑密封免维护型球轴承，轴承等级需符合 AFBMA（抗磨轴承生产协会）。 （3）外壳材质为碳钢，热镀锌处理，外壳应有足够的型钢支撑。 （4）叶轮叶片材质为铝合金，应采用高效率、高强度和先进的结构形式。 （5）混流风机外壳采用整块厚钢板制造	（1）风机应能在环境温度 280℃时连续运行 30min 以上。 （2）出厂产品必须有 3C 认证。 （3）对于高海拔地区电站，风机制造应考虑空气密度对风量、风压的影响
2	防火阀		（1）应为 S30408 不锈钢材质。 （2）全自动式，熔断器动作温度为 70℃，平时常开，关闭及复位方式如下： 1）通过阀门内空气温度达到 70℃时熔断器动作关闭。 2）接收消防控制中心关闭信号，自动关闭。 3）现地手动关闭及复位。 4）远程电动关闭与复位。 （3）当温度熔断器动作、阀门关闭时（或电控动作时），应有电信号反馈给消防中心和通风控制系统。 （4）远程电动复位时，应输出阀门叶片位置的信号；阀门手动复位开启时的操作用力应小于 100N。阀门电控回路的额定工作电压应为安全电压，应采用 DC 24V 的额定工作电压，工作电流小于 0.7A，在实际供电电源电压低于额定工作电压 20% 和高于工作电压 10% 的条件下，阀门的电控操作仍应能正常进行。 （5）在环境温度下，阀门两侧保持 300Pa 气体压力差的条件下，其漏风量不应大于 500m³/（h·m²）（标准状态）。 （6）风管式防火阀阀体厚度一般为 320mm，墙式和楼板式一般为 250mm，阀体和阀板的钢板厚度不应小于 2mm，叶片轴应采用不锈钢制作，轴套采用黄铜或不锈钢材质，且叶片轴与轴套材质硬度应有区别。 （7）全开时阻力系数应小于 5Pa/m²。 （8）防火阀叶片可五档次调节风量。 （9）阀门上的所有紧固件不应有松动、损伤等现象。 （10）阀门应能满足 250 次开启可靠性试验的要求	（1）墙式防火阀的表面的百叶风口应为可拆卸式的；阀体叶片及表面装饰性风口的叶片均应平行于长边。 （2）墙式及楼板式防火阀的执行机构均在阀体内（即不得超出表面风口法兰），阀门加上装饰性风口的总厚度不能超过 250mm；执行机构和电气接口应布置在阀门的短边上，原则上放置在面对的右侧或者上方；靠墙安装的阀门执行机构应在墙外侧。 （3）自动复位楼板式防火阀安装在楼板上，由不锈钢百叶、不锈钢防护网和防火阀本体三部分组成，其表面的百叶风口应为钢结构加防护网形式，并能拆卸，其强度应能承受人的行走及停留。 （4）出厂产品必须有 3C 认证
3	排烟防火阀		（1）应为 S30408 不锈钢材质； （2）全自动式，熔断器动作温度为 280℃，平时常开，关闭及复位方式如下： 1）接收消防控制中心信号，自动关闭。 2）现地手动关闭与复位。 3）远程电动关闭及复位。 4）通过阀门的烟气温度达到 280℃时，自动关闭。 （3）当温度熔断器动作、阀门关闭时（或电控动作时），应有电信号反馈给消防中心和通风控制系统。	出厂产品必须有 3C 认证

序号	名称	主要特性参数	主要结构形式及特点	其他要求
3	排烟防火阀		(4) 排烟风机入口处的排烟防火阀关闭时，应能联动排烟风机关闭。 (5) 远程电动复位时，应输出阀门叶片位置的信号；阀门手动复位开启时的操作用力应小于 100N。阀门电控回路的额定工作电压应为安全电压，应采用 DC 24V 的额定工作电压，工作电流小于 0.7A，在实际供电电源电压低于额定工作电压 20% 和高于额定工作电压 10% 的条件下，阀门的电控操作仍应能正常进行。 (6) 在环境温度下，阀门两侧保持 300Pa 气体压力差的条件下，其漏风量不应大于 500m³/(h·m²)（标准状态）。 (7) 阀体和阀板的钢板厚度不应小于 2mm，叶片轴应采用不锈钢制作，轴套采用黄铜或不锈钢材质，且叶片轴与轴套材质硬度应有区别。 (8) 阀门上的所有紧固件不应有松动、损伤等现象。 (9) 阀门应能满足 250 次开启可靠性试验的要求	出厂产品必须有 3C 认证
4	排烟口/排烟阀		(1) 正面朝下安装的多叶排烟口其百叶采用铝合金材质。排烟阀、板式排烟口及其他安装形式（非正面朝下安装）的多叶排烟口材质均应为 S30408 不锈钢材质。 (2) 全自动式，平时常闭，开启及复位方式如下： 1) 接收消防控制中心信号并自动开启。 2) 现地手动开启及复位。 3) 远程电动开启及复位。 (3) 当阀门开启时，应有电信号反馈给消防中心和通风控制系统。 (4) 开启时应能联动排烟风机开启。 (5) 远程电动复位时，应输出显示阀门叶片位置的信号；手动复位时的操作用力应小于 100N。阀门电控回路的额定工作电压应为安全电压，应采用 DC 24V 的额定工作电压，工作电流小于 0.7A，在实际供电电源电压低于额定工作电压 20% 和高于额定工作电压 10% 的条件下，阀门的电控操作仍应能正常进行。 (6) 在环境温度下，阀门两侧保持 1000Pa 气体压力差的条件下，其漏风量不应大于 700m³/(h·m²)（标准状态）。 (7) 阀体和阀板的钢板厚度不应小于 2mm，叶片轴应采用不锈钢制作，轴套采用黄铜或不锈钢材质，且叶片轴与轴套材质硬度应有区别。 (8) 阀门上的所有紧固件不应有松动、损伤等现象。 (9) 阀门应能满足 250 次开启可靠性试验的要求	出厂产品必须有 3C 认证
5	电动正压送风口	尺寸：根据需要定	(1) 应为 S30408 不锈钢材质。 (2) 全自动式，平时常闭，开启及复位方式如下： 1) 接收消防控制中心信号并自动开启。 2) 现地手动开启及复位。 3) 远程电动开启及复位。 (3) 当阀门开启时，应有电信号反馈给消防中心和通风控制系统。 (4) 开启时应能联动正压送风机开启。	(1) 电动正压送风口的表面的百叶风口应为可拆卸式的；阀体叶片及表面装饰性风口的叶片均应平行于长边。 (2) 执行机构均应在阀体内（即不得超出表面风口法兰），阀体加上装饰性风口的总厚度不能超过 250mm；执行机构和电气接口应布置在阀门的短边上，原则上放置在面对的右侧或者上方；靠墙安装的阀门执行机构应在墙外侧。

序号	名称	主要特性参数	主要结构形式及特点	其他要求
5	电动正压送风口	尺寸：根据需要定	（5）远程电动复位时，应输出显示阀门叶片位置的信号；手动复位时的操作用力应小于100N。阀门电控回路的额定工作电压应为安全电压，应采用DC 24V 的额定工作电压，工作电流小于 0.7A，在实际供电电源电压低于额定工作电压 20% 和高于额定工作电压 10% 的条件下，阀门的电控操作仍应能正常进行。 （6）在环境温度下，阀门两侧保持 1000Pa 气体压力差的条件下，其漏风量不应大于 700m³/（h·m²）（标准状态）。 （7）阀体和阀板的钢板厚度不应小于 2mm，叶片轴应采用不锈钢制作，轴套采用黄铜或不锈钢材质，且叶片轴与轴套材质硬度应有区别。 （8）阀门上的所有紧固件不应有松动、损伤等现象。 （9）阀门应能满足 250 次开启可靠性试验的要求	（3）出厂产品必须有 3C 认证

第 8 章　典型电站供暖通风系统设备选型

不同的抽水蓄能电站的供暖通风系统设计方案及设备选型难以完全一致，主要是受气象资料及洞室群布置两个因素的影响，以下对这两个因素简要分析：

（1）气象资料：气象资料是供暖通风系统设计的基础，而不同地理位置的电站具有不同的气象资料，相差较大时，供暖通风系统设备类型甚至系统方案都不相同，如北方寒冷地区电站，除通风系统外，可能不需要空调制冷主机，仅需要供暖设备；另外，各抽水蓄能电站室外气象资料的不同致使进风参数及需风量不相同，由此供暖通风系统设备数量、规格及参数也将不同。

（2）洞室群布置：不同抽水蓄能电站其地质、地形、交通条件及施工进度安排等因素不同，致使地下洞室群的布置不尽相同，供暖通风系统方案与气流组织可能存在差异性。

根据以上分析得知，只能基于具体电站才能得到该电站具体的供暖通风系统方案与设备选型，各电站的供暖通风系统形式上可大致统一，但不存在可以完全套用于各电站供暖通风系统的通用设备选型。根据收集的资料及各设计单位的沟通，对已建及在建抽水蓄能电站供暖通风系统设计方案进行总结与归纳，选取对应的三个典型的实际抽水蓄能电站，给出通风系统流程图（见附图），并列出供暖通风系统设备选型表，详见 8.1～8.3 节。

8.1　典型设计方案一

典型电站及厂房各部位通风空调方案特性见表 8-1，通风系统流程图见附图 1。

表 8-1　典型电站及厂房各部位通风空调方案特性表（典型设计方案一）

地区	装机容量（MW）	主厂房	主副厂房	母线洞	主变压器洞	地面中控楼/继保楼	其他特点
夏热冬冷地区	4×300	一端引风、拱顶下送方案	每层空调送、回风方案	通风与空调风柜结合方案	接力风机分配风量方案	分体式空调方案	主厂房设置回风系统

典型电站供暖通风系统主要设备选型见表 8-2。

表 8-2　典型电站供暖通风系统主要设备选型表（典型设计方案一）

序号	设备名称	规格	单位	数量	安装位置
1	水冷冷水机组	Q_c＝1030kW L_d＝190m³/h L_q＝225m³/h	台	2	空调主机房
2	空气处理机	L≥100000m³/h H≥800Pa	台	2	空气处理机房

序号	设备名称	规格	单位	数量	安装位置
3	冷冻水泵	$L=190m^3/h$ $H=30m$	台	3	空调主机房
4	冷却水泵	$L=225m^3/h$ $H=40m$	台	3	空调主机房
5	膨胀水箱	$1m^3$	个	1	主副厂房拱顶
6	立柜式空调风柜	$Q_c=80kW$ $L=8000m^3/h$	台	3	主副厂房
7	立柜式空调风柜	$Q_c=41kW$ $L=4000m^3/h$	台	2	主副厂房
8	立柜式空调风柜	$Q_c=62kW$ $L=6000m^3/h$	台	3	主副厂房
9	立柜式空调风柜	$Q_c=95.7kW$ $L=14000m^3/h$	台	6	母线洞、主变压器洞SFC输入、输出变压器室
10	单元式水冷冷风机	$Q_c=129.6kW$ $L=20000m^3/h$	台	1	SFC盘柜室
11	低温除湿机	$G=10kg/h$ $N=4.2kW$	台	46	水轮机层、蜗壳层各8台，尾水管层2台，闸门室8台，进厂交通洞20台
12	冷却水泵	$L=160m^3/h$ $H=30m$	台	2	单元式水冷冷风机供水，一用一备
13	离心风机	$L=95700m^3/h$ $H=785Pa$	台	2	母线洞排风
14	离心风机	$L=133800m^3/h$ $H=755Pa$	台	2	主变压器洞排风
15	离心风机	$L=30800m^3/h$ $H=686Pa$	台	1	尾闸洞排风
16	防爆离心风机	$L=8050m^3/h$ $H=618Pa$	台	1	透平油库排风机
17	柜式离心风机	$L=8040m^3/h$ $H=680Pa$	台	2	主副厂房蜗壳层、水轮机层、母线层与发电机层排风各1台
18	柜式离心风机	$L=6122m^3/h$ $H=524Pa$	台	2	主副厂房值班层、二次设备层排风各1台
19	柜式离心风机	$L=4040m^3/h$ $H=480Pa$	台	2	主副厂房电缆层
20	消声混流风机	$L=32000m^3/h$ $H=489Pa$	台	1	主副厂房电梯间前室正压送风
21	消声混流风机	$L=35000m^3/h$ $H=510Pa$	台	1	主副厂房楼梯间正压送风

序号	设备名称	规格	单位	数量	安装位置
22	消声混流风机	$L=10900m^3/h$ $H=621Pa$	台	3	配电盘层、主变压器洞电缆层排风
23	消声混流风机	$L=5581m^3/h$ $H=112.7Pa$	台	1	主变压器洞备品备件室、高压试验室
24	消声混流风机	$L=70010m^3/h$ $H=998Pa$	台	1	高压电缆洞排风
25	消声混流风机	$L=41415m^3/h$ $H=616Pa$	台	4	主变压器室排风
26	消声混流风机	$L=23797m^3/h$ $H=515Pa$	台	6	上游启动母线廊道，SFC盘柜室、隔离变室、副厂房内走道补风
27	消声混流风机	$L=16634m^3/h$ $H=537Pa$	台	12	高压厂用变压器室，10kV开关柜室、SFC输入、输出变压器室、SFC输入限流电抗器室、高压厂用变压器限流电抗器室及GIS电缆层排风
28	消声混流风机	$L=8179m^3/h$ $H=551Pa$	台	6	SFC输出限流电抗器室、主变压器洞配电盘，主变压器洞下游SF_6管线廊道SF_6泄漏排风
29	消声防爆混流风机	$L=3131m^3/h$ $H=258Pa$	台	1	主变压器洞绝缘油处理室
30	边墙式轴流风机	$L=5206m^3/h$ $H=173.5Pa$	台	48	母线层送风16台，水轮机层与蜗壳层送风各8台，水轮机层与蜗壳层排风各8台
31	轴流风机	$L=2737m^3/h$ $H=70Pa$	台	1	主变压器洞工具间
32	防腐轴流风机	$L=3163m^3/h$ $H=86Pa$	台	16	地面开关站GIS室
33	高温排烟风机	$L=82236m^3/h$ $H=772Pa$	台	1	主厂房排烟
34	高温排烟风机	$L=22439m^3/h$ $H=655Pa$	台	1	主变压器搬运道排烟
35	高温排烟风机	$L=36102m^3/h$ $H=610Pa$	台	1	主副厂房内走道排烟
36	排气扇	$L=1000m^3/h$	台	4	地下主副厂房与继保楼

注 Q_c 为空调制冷量（kW）；G 为除湿机除湿量（kg/h）；
L_d 为空调冷冻水量（m^3/h）；L_q 为空调冷却水量（m^3/h）；
L 为水泵水量/风机风量（m^3/h）；H 为水泵扬程（m）/风机风压（Pa）；
N 为输入功率（kW）。

8.2 典型设计方案二

典型电站及厂房各部位通风空调方案特性见表8-3，通风系统流程图见附图2。

表 8-3　典型电站及厂房各部位通风空调方案特性表（典型设计方案二）

地区	装机容量（MW）	主厂房	主副厂房	母线洞	主变压器洞	地面中控楼/继保楼
夏热冬冷地区	4×300	两端引风方案、拱顶下送	每层空调送、回风方案	通风与空调结合方案	接力风机分配风量方案	分体式空调方案

典型电站供暖通风系统主要设备选型见表8-4。

表 8-4　典型电站供暖通风系统主要设备选型表（典型设计方案二）

序号	设备名称	规格	单位	数量	安装位置
1	螺杆式冷水机组	$Q_c=850kW$　$N=170kW$	套	2	副厂房
2	组合式空气处理机	$L=50000m^3/h$　$Q_c=380kW$　$H=800Pa$	套	4	主厂房顶层两端
3	卧式明装空调机	$L=8000m^3/h$　$Q_c=60kW$　$H=350Pa$	套	1	副厂房
4	立式明装空调机	$L=6000m^3/h$　$Q_c=40kW$　$H=250Pa$	套	8	母线洞
5	立式明装空调机	$L=8000m^3/h$　$Q_c=60kW$　$H=350Pa$	套	9	主厂房蜗壳层、水轮机层
6	立式明装空调机	$L=8000m^3/h$　$Q_c=60kW$　$H=350Pa$	套	5	主厂房中间层
7	立式明装空调机	$L=8000m^3/h$　$Q_c=60kW$　$H=350Pa$	套	5	副厂房
8	风冷式空调器	$Q_c=57.6kW$　$N=24kW$	套	1	主变压器洞
9	风冷式空调器	$Q_c=57.6kW$　$N=24kW$	套	1	主变压器洞
10	分体柜式空调器	$Q_c=12kW$　$N=6kW$	套	5	上库启闭机室、继保室
11	防爆分体柜式空调器	$Q_c=12kW$　$N=6kW$	套	1	上库蓄电池室
12	防爆分柜式空调器	$Q_c=7.2kW$　$N=4.4kW$	套	2	继保楼蓄电池室
13	冷冻水泵	$Q_c=180m^3/h$　$H=30m$	套	3	副厂房
14	冷却水泵	$Q_c=200m^3/h$　$H=36m$	套	3	副厂房
15	升温型除湿机	$Q_c=15.5kg/h$　$N=6.0kW$	套	14	主厂房蜗壳层、水轮机层、尾闸洞
16	升温型除湿机	$G=10kg/h$　$N=4.0kW$	套	35	副厂房、交通洞
17	风冷立式除湿机	$Q_c=7.6kg/h$　$N=3.5kW$	套	2	尾闸洞
18	排烟风机箱	$L=59300m^3/h$　$H=680Pa$	台	1	主厂房
19	离心排烟风机箱	$L=25700m^3/h$　$H=717Pa$	台	1	主厂房
20	防爆排风机箱	$L=8860m^3/h$　$H=600Pa$	台	1	主厂房
21	排烟风机箱	$L=86000m^3/h$　$H=710Pa$	台	2	副厂房
22	排烟风机箱	$L=16090m^3/h$　$H=510Pa$	台	2	副厂房
23	双速排烟风机箱	$L=12000/6000m^3/h$　$H=592/148Pa$	台	5	副厂房
24	防爆排风机箱	$L=12000/6000m^3/h$　$H=592/148Pa$	台	1	副厂房
25	排烟风机箱	$L=8800m^3/h$　$H=610Pa$	台	2	副厂房
26	离心风机箱	$L=30000m^3/h$　$H=640Pa$	台	1	主变压器洞
27	排烟风机箱	$L=29170m^3/h$　$H=661Pa$	台	4	主变压器洞
28	排烟风机箱	$L=22000m^3/h$　$H=650Pa$	台	2	主变压器洞
29	排烟风机箱	$L=18000m^3/h$　$H=620Pa$	台	1	主变压器洞
30	排烟风机箱	$L=8860m^3/h$　$H=610Pa$	台	6	主变压器洞
31	混流风机箱	$L=1600m^3/h$　$H=236Pa$	台	1	副厂房
32	方形壁式轴流风机	$L=6920m^3/h$　$H=142Pa$	台	32	主厂房
33	方形壁式轴流风机	$L=6920m^3/h$　$H=142Pa$	台	16	主厂房

序号	设备名称	规格	单位	数量	安装位置
34	双速混流风机箱	$L=42370/28052\text{m}^3/\text{h}$ $H=754/331\text{Pa}$	台	4	主变压器洞
35	混流风机箱	$L=15000\text{m}^3/\text{h}$ $H=400\text{Pa}$	台	4	主变压器洞
36	混流风机箱	$L=8900\text{m}^3/\text{h}$ $H=262\text{Pa}$	台	2	主变压器洞
37	混流风机箱	$L=6660\text{m}^3/\text{h}$ $H=278\text{Pa}$	台	2	主变压器洞
38	防爆轴流风机	$L=2160\text{m}^3/\text{h}$	台	6	开关站、继保楼
39	轴流风机	$L=4000\text{m}^3/\text{h}$	台	16	开关站、继保楼
40	轴流风机	$L=2160\text{m}^3/\text{h}$	台	3	开关站、继保楼
41	轴流风机	$L=6300\text{m}^3/\text{h}$	台	12	开关站、继保楼
42	防爆轴流风机	$L=4000\text{m}^3/\text{h}$	台	2	开关站、继保楼
43	卫生间换气扇	$L=400\text{m}^3/\text{h}$	台	4	开关站、继保楼
44	方形壁式轴流风机	$L=4000\text{m}^3/\text{h}$	台	4	开关站、继保楼

8.3 典型设计方案三

典型电站及厂房各部位通风空调方案特性见表8-5，通风系统流程图见附图3。

表8-5　典型电站及厂房各部位通风空调方案特性表（典型设计方案三）

地区	装机容量（MW）	主厂房	主副厂房	母线洞	主变压器洞	地面中控楼/继保楼	其他特点
严寒地区	4×300	两端引风方案、拱顶下送	集中式空调送、排风方案	通风方案	接力风机分配风量方案	风冷多联式空调系统方案	设置供暖系统

典型电站供暖通风系统主要设备选型见表8-6。

表8-6　典型电站供暖通风系统主要设备选型表（典型设计方案三）

序号	设备名称	规格	单位	数量	安装位置
1	水源热泵机组	$Q_c=522\text{kW}$ $L_d=90\text{m}^3/\text{h}$ $L_q=112\text{m}^3/\text{h}$	台	2	主厂房球阀层

序号	设备名称	规格	单位	数量	安装位置
2	冷冻水泵	$L=100\text{m}^3/\text{h}$　$H\geqslant32\text{m}$	台	2	主厂房球阀层
3	冷却水泵	$L=121\text{m}^3/\text{h}$　$H\geqslant37\text{m}$	台	2	主厂房球阀层
4	组合式空调机组	$L\geqslant80000\text{m}^3/\text{h}$　$H\geqslant800\text{Pa}$	台	2	主厂房1号通风机室
5	组合式空调机组	$L\geqslant500003/\text{h}$　$H\geqslant800\text{Pa}$	台	2	主厂房2号通风机室
6	吊顶式空调机组	$Q_c\geqslant34\text{kW}$　$L\geqslant6000^3/\text{h}$	台	10	主厂房母线层、球阀层
7	立柜式风机盘管机组	$Q_c\geqslant46\text{kW}$　$L\geqslant8000^3/\text{h}$	台	1	5号通风机室
8	高位膨胀水箱	$1000\text{mm}\times1000\text{mm}\times800\text{mm}$	套	1	右端副厂房屋顶
9	移动式除湿机	除湿量 $L\geqslant7.5\text{m}^3/\text{h}$	台	9	主厂房尾水管层及蜗壳层
10	风冷多联式空调系统	室外机：1组，$Q_c=40\text{kW}$ 室内机：9台，$Q_c=2.8\sim7.1\text{kW}$	套	1	地面中控楼
11	低噪声轴流风机	$L\geqslant2750\text{m}^3/\text{h}$　$H\geqslant80\text{Pa}$	台	80	主厂房母线层、水轮机层及球阀层，上下游墙
12	低噪声轴流风机	$L\geqslant6500\text{m}^3/\text{h}$　$H\geqslant200\text{Pa}$	台	4	主厂房球阀层，主变压器副厂房四、六层
13	混流风机	$L\geqslant27500\text{m}^3/\text{h}$　$H\geqslant880\text{Pa}$	台	8	母线洞端头
14	低噪声轴流风机	$L\geqslant6000\text{m}^3/\text{h}$　$H\geqslant200\text{Pa}$	台	1	主变压器副厂房三层
15	低噪声轴流风机	$L\geqslant10000\text{m}^3/\text{h}$　$H\geqslant250\text{Pa}$	台	1	主变压器副厂房五层
16	低噪声轴流风机	$L\geqslant14000\text{m}^3/\text{h}$　$H\geqslant330\text{Pa}$	台	1	主变压器副厂房顶层
17	低噪声轴流风机	$L\geqslant17500\text{m}^3/\text{h}$　$H\geqslant450\text{Pa}$	台	2	主变压器副厂房顶层、右端副厂房顶层
18	低噪声轴流风机	$L\geqslant1100\text{m}^3/\text{h}$　$H\geqslant65\text{Pa}$	台	1	主变压器副厂房顶层电梯机房
19	轴流式排烟风机	$L\geqslant15000\text{m}^3/\text{h}$　$H\geqslant1000\text{Pa}$	台	1	主变压器副厂房顶层

续表

序号	设备名称	规格	单位	数量	安装位置
20	混流风机	$L{\geqslant}4000m^3/h$ $H{\geqslant}430Pa$	台	1	主变压器副厂房一层通风机房
21	防爆轴流风机	$L{\geqslant}2750m^3/h$ $H{\geqslant}220Pa$	台	1	主变压器副厂房七层通风机房
22	轴流风机	$L{\geqslant}6800m^3/h$ $H{\geqslant}650Pa$	台	1	主变压器夹层电抗器室
23	低噪声轴流风机	$L{\geqslant}23650m^3/h$ $H{\geqslant}300Pa$	台	2	主变压器管道层
24	低噪声轴流风机	$L{\geqslant}5000m^3/h$ $H{\geqslant}120Pa$	台	12	主变压器GIS层
25	低噪声轴流风机	$L{\geqslant}3300m^3/h$ $H{\geqslant}130Pa$	台	1	地面排风楼一层，400V盘急控制盘室
26	防爆轴流风机	$L{\geqslant}1500m^3/h$ $H{\geqslant}130Pa$	台	1	地面副厂房钢瓶间
27	防爆轴流风机	$L{\geqslant}3000m^3/h$ $H{\geqslant}180Pa$	台	1	柴油机房
28	防爆轴流风机	$L{\geqslant}750m^3/h$ $H{\geqslant}50Pa$	台	1	储油间
29	消防排烟风机	$L{\geqslant}41000m^3/h$ $H{\geqslant}800Pa$	台	2	右端副厂房顶层
30	轴流式排烟风机	$L{\geqslant}32000m^3/h$ $H{\geqslant}1100Pa$	台	2	右端副厂房顶层
31	防爆轴流风机	$L{\geqslant}3300m^3/h$ $H{\geqslant}250Pa$	台	1	副厂房七层6号通风机室
32	防爆混流式通风机	$L{\geqslant}6900m^3/h$ $H{\geqslant}250Pa$	台	1	副厂房七层6号通风机室
33	混流式通风机	$L{\geqslant}1300m^3/h$ $H{\geqslant}200Pa$	台	1	副厂房七层6号通风机室
34	高温排烟混流式风机	$L{\geqslant}10000m^3/h$ $H{\geqslant}800Pa$	台	1	右端副厂房顶层
35	混流风机	$L{\geqslant}27500m^3/h$ $H{\geqslant}500Pa$	台	1	右端副厂房顶层
36	混流式通风机	$L{\geqslant}8000m^3/h$ $H{\geqslant}350Pa$	台	1	副厂房5号通风机室
37	混流式风机	$L{\geqslant}3300m^3/h$ $H{\geqslant}250Pa$	台	1	副厂房5号通风机室
38	高温排烟风机	$L{\geqslant}17000m^3/h$ $H{\geqslant}700Pa$	台	2	出线洞口机房
39	离心式风机箱	$L{\geqslant}11800m^3/h$ $H{\geqslant}450Pa$	台	1	主变压器副厂房一层通风机房
40	离心式风机箱	$L{\geqslant}7000m^3/h$ $H{\geqslant}430Pa$	台	1	主变压器副厂房二层通风机房
41	离心式风机箱	$L{\geqslant}6600m^3/h$ $H{\geqslant}400Pa$	台	1	主变压器副厂房三层通风机房
42	离心式风机箱	$L{\geqslant}7000m^3/h$ $H{\geqslant}370Pa$	台	1	主变压器副厂房四层通风机房
43	离心式风机箱	$L{\geqslant}11880m^3/h$ $H{\geqslant}330Pa$	台	1	主变压器副厂房五层通风机房

续表

序号	设备名称	规格	单位	数量	安装位置
44	离心式风机箱	$L{\geqslant}7000m^3/h$ $H{\geqslant}280Pa$	台	1	主变压器副厂房六层通风机房
45	离心式风机箱	$L{\geqslant}3300m^3/h$ $H{\geqslant}250Pa$	台	1	主变压器副厂房七层通风机房
46	离心式风机箱	$L{\geqslant}16000m^3/h$ $H{\geqslant}650Pa$	台	2	主变压器夹层7、8号通风机房
47	离心式风机箱	$L{\geqslant}20000m^3/h$ $H{\geqslant}650Pa$	台	2	主变压器夹层7、8号通风机房
48	离心式风机箱	$L{\geqslant}30800m^3/h$ $H{\geqslant}600Pa$	台	1	主变压器管道层9号通风机房
49	离心式风机箱	$L{\geqslant}34000m^3/h$ $H{\geqslant}550Pa$	台	2	主变压器GIS层10号通风机房
50	离心式风机箱	$L{\geqslant}110000m^3/h$ $H{\geqslant}600Pa$	台	2	主变压器洞3号通风机室
51	离心式风机箱	$L{\geqslant}100000m^3/h$ $H{\geqslant}650Pa$	台	5	地面排风楼二层
52	离心式风机箱	$L{\geqslant}11000m^3/h$ $H{\geqslant}500Pa$	台	1	副厂房二层4号通风机室
53	离心式风机箱	$L{\geqslant}19000m^3/h$ $H{\geqslant}450Pa$	台	1	副厂房二层4号通风机室
54	离心式风机箱	$L{\geqslant}10000m^3/h$ $H{\geqslant}350Pa$	台	2	副厂房5、6号通风机室
55	墙式排气扇	$L{\geqslant}1000m^3/h$	台	4	地面副厂房变压器室、开关柜室、低压盘室、地面排风楼10kV盘室
56	导管式排气扇	$L=150{\sim}400m^3/h$	台	14	全厂卫生间
57	移动式电暖气	$N=2000W$	个	46	地面排风楼，地面副厂房，上、下水库值班室，副厂中控室，计算机室及主变压器副厂房电梯机房
58	移动式电暖气	$N=2500W$	个	8	
59	移动式电暖气	$N=1750W$	个	4	上水库值班室
60	移动式电暖气	$N=1500W$	个	14	地面副厂房，上、下水库值班室
61	移动式电暖气	$N=1000W$	个	17	地面副厂房，上、下水库值班室
62	移动式电暖气	$N=500W$	个	4	上、下水库值班室卫生间
63	贯流式电热风幕	$N=7kW$	台	2	地面副厂房
64	固定式电加热管	$N=30kW$	组	16	主厂房2号通风机室、右端副厂房屋顶
65	风管式电加热器	$N=15kW$	组	5	主厂房蜗壳层
66	电暖风机	$N=3kW$	台	4	尾水启闭机室

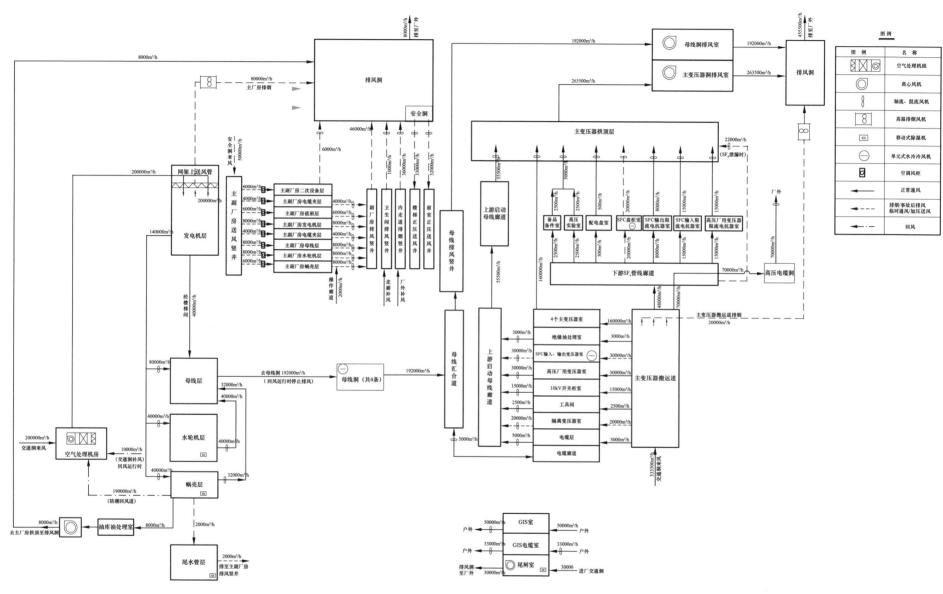

附图1 典型设计方案一通风系统流程图

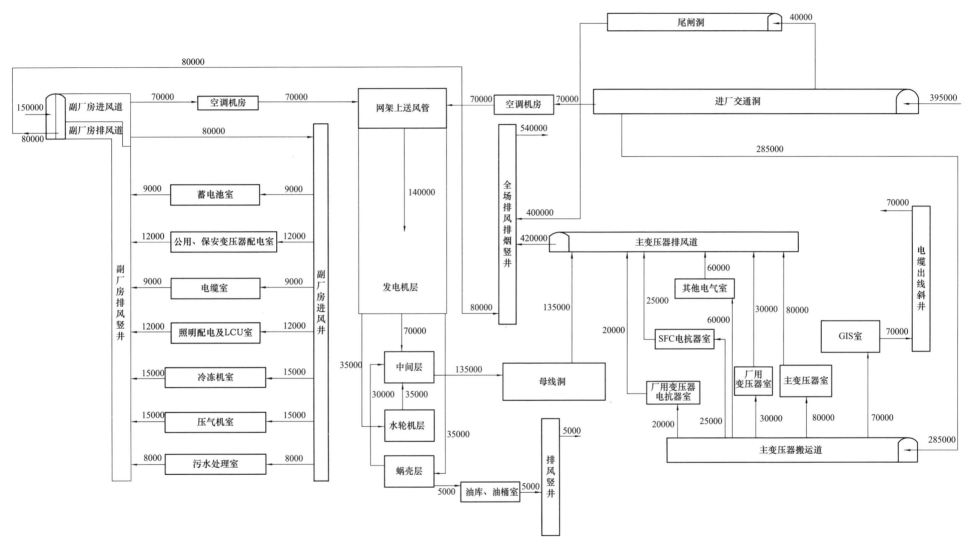

附图2 典型设计方案二通风系统流程图